[英]亚历克斯·莫斯　肖恩·泰勒 / 著

[英]莎拉·埃德蒙兹 / 绘　黄昭颖 / 译

有趣屁屁，奇怪鸟嘴

光怪陆离的动物世界

CHISO SINCE 1956 新疆青少年出版社

致亲爱的小读者们：在成长的过程中，请保持自己的与众不同，
千万不要失去自己独特的色彩。

——亚历克斯·莫斯

献给我的父亲卡文·泰勒，感谢他一直让我对世界充满好奇。

——肖恩·泰勒

献给利奥和马特。

——莎拉·埃德蒙兹

目录

神奇动物在哪里？

为什么不同的生物之间会有巨大的差异呢？你可能会觉得有些动物看起来很滑稽，有些看起来很古怪，还有些让人摸不着头脑，甚至见所未见。然而，这些奇特的特征背后，都有着超乎你想象的有趣故事！

　　本书将带你一起探索那些令人不可思议的神奇动物以及它们奇特特征背后的故事——也许会让你瞠目结舌，也能让你明白，那些在我们看来奇奇怪怪的特征，对动物们来说却是不可或缺的，它们能够帮助动物们更好地生存和繁衍。

　　物竞天择，适者生存。动物身上任何细微的改变都有可能为它们带来优势，这种优势也会遗传给它们的后代。数千年后，这些与众不同的特征越来越突出，动物们也就能更好地适应环境。

　　这便是进化，是我们能看到如此多不同物种的原因。生物的多样性让我们的地球变成了一个更丰富、更美丽的世界。

　　所以，当你见到书里那些长得"与众不同"的动物时，不要被它们的第一印象给欺骗了。如果你走进它们的世界，在你面前呈现的将会是地球上最有趣、最精彩的动物宝库！

还等什么，快踏上寻找神奇动物的旅程吧！

打开你的新"视"界

伸手不见五指的黑夜,当你走进幽暗丛林的深处……
突然看到一双乌溜溜的大眼睛!

不好意思,它们是不是把你吓了一跳?别怕,我们**眼镜猴**的眼睛一点都不可怕,它们其实是我们成为夜间捕猎高手的秘密武器。

我们没有其他夜行动物那种能反光的夜视眼,只能依靠这双大眼睛去收集更多的光线。尽管它们跟我们的大脑差不多大,大到根本没办法转动,但也正是因为有了这双炯炯有神的大眼睛,我们才能很轻松地发现藏在树梢上的蚱蜢、蜘蛛和蜥蜴,然后穿越黑暗,扑向它们,饱餐一顿!

只有我们的眼睛这么神奇吗?擦亮眼睛,
还有更多让你大开"眼"界的……

成年**帝王伟蜓**的眼睛又大又鼓，占据了帝王伟蜓头部的大部分面积。帝王伟蜓的每只眼睛都由成千上万只小眼睛组成，这种复眼可以让它们同时观测到各个方向的动静。有了超级视力和瞬间反应能力的加持，很少有敌人能够靠近帝王伟蜓，帝王伟蜓自然也成了蠓、蚊子、蝴蝶和飞蛾等小飞虫闻之色变的昆虫猎手。

这是一只**琥珀螺**，当它不小心吃掉双盘吸虫的卵后，就会变成"僵尸蜗牛"。双盘吸虫是一种有绿色带状条纹的寄生虫，当它们被蜗牛吞食后，会入侵到蜗牛的眼柄部位（也就是触角），让蜗牛的眼柄变成闪烁的"霓虹灯"。闪烁的眼柄使得蜗牛被鸟吃掉的概率变大，而这正合双盘吸虫的心意：它可以在鸟的肚子里产卵，卵会随着鸟屎一起被排出，接着被其他蜗牛吃掉，从而实现循环往复的寄生。

眼睛长到后脑勺是一种什么体验呢？许多蜘蛛纲动物，比如**跳蛛**，它们的眼睛就长在后脑勺。跳蛛是一种视觉极其敏锐的动物，它们头上有四双眼睛，而且每双眼睛都各司其职，有的注意动静，有的用于猎食，还有的负责寻找配偶。怎么样，是不是很方便？

扇贝外壳的裙边有两排闪闪发光的蓝色眼睛，有些种类的扇贝甚至最多有200只眼睛。这些贝类无时无刻不在观察光线的明暗变化，因为这可能是掠食者接近的迹象。当"看"到危险时，它们会毫不犹豫地闭上自己的壳。

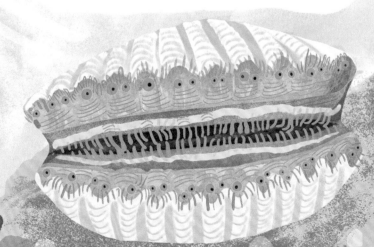

这是一只**眼镜鸮**（xiāo），但它其实根本不需要戴眼镜，它的视力足以让它成为夜间捕猎的专家。和其他猫头鹰一样，它的眼球并非球状，而是呈圆柱状，有点像双筒望远镜。柱状眼球外边被一层坚硬的骨头保护着，没办法随意转动。好在眼镜鸮的脖子很灵活，差不多可以转整整一圈，能看到自己身后有什么。再补充一个冷知识，猫头鹰的眼睛都有三层眼睑，一层用来眨眼，一层用来闭眼睡觉，还有一层用来清洁眼睛。

当这些**燕尾蝶**生育宝宝的时候，它们的尾部会紧紧相接在一起，这种繁衍方式叫作"交尾"。为了完成交配，它们的臀部有很多特殊的"眼睛"，可以感应到足够的光线。雌性蝴蝶也能借此看清植物，把卵产在正确的位置。不只是燕尾蝶，很多蝴蝶都有这样的"眼睛"。

第三只眼

蓝岩鬣（liè）**蜥**是动物界的二郎神，它的头顶上长着神奇的第三只眼睛，被称作"颅顶眼"。这只眼睛仰望天空，能够把观测到的有用信息传递给大脑，集时针、指南针、日历等功能于一体。要是头顶上有攻击者的影子闪过，它还会催促蓝岩鬣蜥赶紧逃跑。

德州角蜥是出了名的跑得慢，郊狼、猞猁（shē lì）、狼或者狗都对它虎视眈眈。因此它们想出了好几种防身御敌的招数。第一招最简单，躺在地上装死。要是演技被识破就换成膨胀身体，把全身的鳞片都竖起来，告诉对方自己不好惹。万一敌人还是步步紧逼，它们就会放出最后的大招——从眼睛里喷射出恶臭的鲜血，精准地射入敌人的嘴巴，让它们恶心得吃不下饭。

项链海星的每只触手末端都有一只小眼睛。这些眼睛虽然不能辨认颜色或是察觉眼前快速移动的物体，但它们具有极强的感光性，可以通过感知明暗，帮助海星在珊瑚礁迷宫中找准方向。

如果要在所有眼睛中选出最聪明灵活的，**雀尾螳螂虾**的眼睛一定榜上有名。它们的眼睛大得吓人，复眼能同时在不同方向上独立旋转。眼睛的各个部位分工明确：上半部分感知运动，中间部分辨别颜色，下半部分监测速度和距离。令人震惊的是，它们的眼睛能像大脑一样思考，所以在发现猎物的瞬间就能发动攻击！

耳观六路，耳听八方

如果你能发现一只**花尾蝠**，那真的是走运了。因为我们是神秘的夜行者，只在森林、洞穴和废弃建筑这种漆黑的地方活动。

孩子们能听到一些蝙蝠发出的声音，但大多数成年人听不到，不是因为我们蝙蝠的叫声太小，而是因为我们的叫声频率超出了其听力范畴。事实上，我们蝙蝠的叫声比摇滚演唱会现场的声音还要大，就算是我们自己，也必须用力收缩耳朵里的肌肉，才不会被自己的叫声震聋！

我们的视力很差，但拥有发达的听觉，甚至连飞蛾扇动翅膀的声音都能听到。在黑暗中飞行时，我们使用回声定位来辨别物体的位置。我们发出的声波会带着各种信息从不同地方反弹回来，在耳朵里形成一张"声音地图"。这样，我们就能在一片漆黑中穿行自如！休息时，我们会收起耳朵，捕猎时再把它们展开。

眼观六路，耳听八方？

不，耳观六路，耳听八方才对……

像**狞猫**这样居住在草原和沙漠的肉食动物，敏锐的听力就是它们在宽阔地带狩猎的最佳辅助。狞猫能听到的声波范围比大多数动物广，能察觉到最轻微的声响。它们的耳朵由三组不同的肌肉控制，仿佛一台能够180度旋转的卫星天线，探测着来自四面八方的猎物声音。

非洲象的耳朵是世界上最大的，能听到好几千米外的声音。它们能捕捉到动物奔跑时的震动，也能知道捕食者是否就在附近。它们的大耳朵还可以当作扇子，在高温下为它们降温。洗澡时，弄湿的耳朵也有助于散发身体的热量。象群间互相拍拍耳朵，就能"耳有灵犀一点通"，知道彼此是生气还是开心。

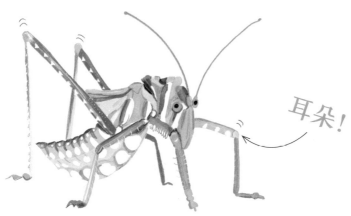

耳朵！

螽（zhōng）**斯**的耳朵长在腿上，就长在它们的"膝盖"下面！凭借这双耳朵，它们能侦察到蝙蝠捕食时发出的吱吱声，也能听见潜在伴侣的歌唱声。如果你仔细听，还能听到它们发出的一种类似雌蝉振翅的声音，那是它们在诱捕雄蝉。当然，这也要归功于它们那双能听音识谱的耳朵，能够帮助它们完美复制雌蝉的声波，达到以假乱真的效果。

蓝鲸是世界上最大的哺乳动物，但跟它的大个头相比，藏在它脑袋里的耳朵简直微乎其微。不过尺寸不会影响到听力，它们还是能听到几千米以外鲸类同伴的歌声和吼叫。蓝鲸的耳朵不需要长在外面，因为声音能在水中快速传递，并通过头骨、下颚和头部的脂肪层聚焦到耳朵里。在漆黑的海洋深处，耳朵承担着很多重要的职能，比如觅食、导航、预警等。还有一点，虽然听起来有点恶心，但蓝鲸耳朵里的许多耳屎确实能起到传导声音的作用，甚至有点类似助听器的功能。

烟灰蛸（xiāo）又被叫作"小飞象章鱼"，这个名字来源于它们的"大象耳朵"。所谓"耳朵"实际上是用来游泳的鳍。左右鳍里面都有一根虹吸管，通过操纵它来控制方向和行动。不过，有些章鱼能接收到声波，用类似于听觉的感觉来躲避捕食者或捕获猎物。但这绝对不是"耳朵"的功劳！

如果你住在炎热的沙漠，那么，怎么让自己凉快就成了头等大事。黑尾长耳大野兔的降暑神器是它的长耳朵。温热的血液被输送进耳朵，这样热量很快就能散发到空气中。在阴凉的地方散热效果最好，因为那里的空气温度比身体温度更低。兔耳朵不仅可爱，还有超级听力，能够提醒它们在饥肠辘辘的掠食者发起攻击前迅速逃跑。

每年秋冬之际，**欧亚红松鼠**的耳朵上都会长出毛茸茸的红色耳簇。在潮湿又寒冷的天气里，被绒毛覆盖的耳朵十分保暖，还能减少水分流失。欧亚红松鼠的耳朵能够捕捉到敌人的声音，还可以准确地传达出主人的心情。如果察觉到危险，欧亚红松鼠就会竖起耳簇，挥舞大尾巴，龇牙咧嘴地进入防备状态。

长耳跳鼠的耳朵特别像长长的兔耳朵，甚至比它们自身的脑袋都长！在同等身材的动物里，它们的耳朵是最大的。这类生活在沙漠的啮齿动物喜欢在夜间行动，它们立起耳朵注意着四周的动静，顺便寻找美味的小昆虫。此外，宽大的耳朵也有助于降温。

蝴蝶的"耳朵"会长在各种奇怪的地方。比如，有的蝴蝶翅膀上长着像静脉一样的管道，里面是中空的，收集到的声波通过管道，像血液一样被传输到一个特殊的听觉器官——位于翅膀下方，外表看上去就像包裹在身体上的微小液体袋。实际上，这些"耳朵"的神经异常敏感，可以捕捉到蝴蝶扇动翅膀的声音、蝙蝠的超声波和鸟儿突然俯冲的声音。

长耳鸮有一个容易被人误会的名字，它的"长耳"并不是耳朵，而是形似耳朵的羽毛，叫作"耳羽"或"角羽"。它们真正的耳朵藏于头的两侧，而且是不对称的，一只耳朵高，一只耳朵低，所以声音传到一只耳朵的速度会比另一只快一点点。通过这细微的差异，长耳鸮能够准确地推算出猎物的距离和位置，从而将其捕获。

"鼻"中
王者之争

我已经习惯了人们盯着我高高的鼻子看。

不是我自吹自擂，我的鼻子虽然看起来像一条巨型鼻涕虫，但它真的很不一般。

我们**高鼻羚羊**喜欢成群结队地穿越干燥的荒漠，一起寻找食物，所以我们途经的地方总是会扬起大片尘土。这时候，我们的鼻子就能发挥关键作用，在帮助我们呼吸的同时，过滤掉空气中的灰尘。

而且，我们的鼻子完美适应各种各样的天气。炽热的夏天，超大空间的鼻腔能够使空气保持凉爽；寒冷的冬天，吸入的冷空气会先被鼻子加热，再进入肺部。

我们的鼻子还有一样擅长的事，那就是能帮助我们发出低沉的叫声，告诉雌性我们将会是好伴侣。

我觉得长鼻王的称号非我莫属，但鼻中王者的竞争比我想象中更激烈……

象鼩（qú）长着一只探针般又长又尖的鼻子，左左右右，上上下下，到处嗅闻。这些小小探险家用它们灵活无比的鼻子寻找吃的或者筑巢的材料，例如，用鼻子翻找树叶下面躲藏的白蚁、蚂蚁和种子。

这是一只雄性**刻克罗普斯蚕蛾**，你知道它的鼻子在哪儿吗？

没错，它的鼻子就是头顶那对毛茸茸的触角，上面羽毛状的触须有着出色的嗅觉——这对雄性蚕蛾来说尤为重要，因为在夜间寻找配偶时，它们只能通过嗅觉来搜寻目标，而它们的鼻子，可以嗅到1000米以外的雌性蚕蛾身上的"香水味"。是不是很厉害？

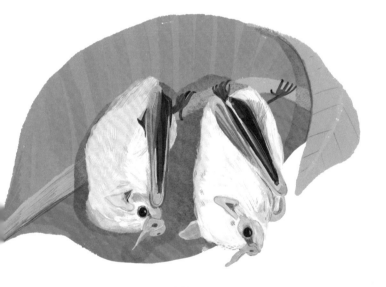

喜欢夜间活动的**洪都拉斯白蝠**视力不太好，全靠鼻子才能在茂密的丛林中找到正确的路。它们先通过鼻孔发出尖锐的吱吱声，然后细长的鼻叶将其转化成超声波发射出去，最后利用周围传来的回声辨别位置。这种定位方法被称为"回声定位法"。有了智能的鼻子导航，它们就不愁找不到最喜欢的无花果果实了，也能寻得一处隐秘巢穴，在白天安心睡大觉了。

咦？这只动物是不是从木匠那儿偷了一样工具？没错！**锯鳐**（yáo）的鼻子的确很像一把锋利的锯子。这些六七米长的鳐鱼游弋在河流和海洋中，栖息在底部的泥沙处。它们寻找食物的时候，视线会被浑浊的水遮挡。那把锯子就变成了探测猎物位置的工具，同时也是发起猛烈攻击的武器。

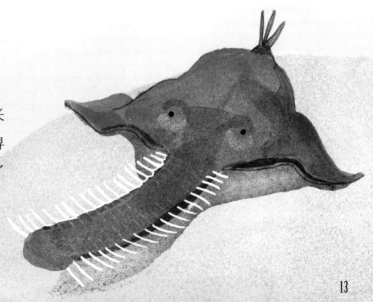

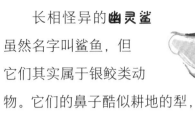

长相怪异的**幽灵鲨**虽然名字叫鲨鱼，但它们其实属于银鲛类动物。它们的鼻子酷似耕地的犁，上面有许多细小的毛孔，可以敏锐地感知到小型海洋生物的移动，以及它们发出的微弱电流。所以，每当幽灵鲨在水里游动时，它们的鼻子就会在前面左右晃动，这样，就算猎物藏在泥沙里，也在劫难逃。

亚洲象的鼻子是所有动物中最长、最有力的，而且它的实用性超乎你想象！象鼻可以推倒一棵树，也可以捡起一根小树枝；伸长能吃到远在树梢的树叶，探入河里就能咕咚咕咚喝好几升水。高温天气，大象们用鼻子往身上喷涂泥巴来降温。要是遇到挑衅的狮子，只需挥挥象鼻，就能震慑住它们。而且，象鼻上有无数气味探测器，比目前已知的任何动物器官上的都多。所以大象能嗅出方圆数千米内的食物、水源以及危险。

你能想象自己的鼻子肿成茄子吗？别看雄性**长鼻猴**的鼻子大得出奇，它可是长鼻猴捕捉猎物的制胜法宝！而且，鼻子越大，鼻腔的回音效果就越好，雄猴发出的声音就越大、越响亮。要知道，在长鼻猴的世界里，叫声大的雄猴才更能获得雌猴的青睐。这下你知道鼻子大的好处了吧？

和长鼻猴类似，雄**海象**也有巨大的鼻子，可以发出雷鸣般的声音，不仅能吓跑对手，保卫自己的领土，还能赢得雌海象的芳心。除了发出吼叫声，海象的鼻子也有其他妙用。在繁殖期间，雄海象很多天都无法进食，但它们的鼻孔可以吸收潮湿空气中的水分，缓解口渴。

这只圆筒鼻属于**长吻针鼹**（yǎn），里面有2000个电流感应器，能够感知到小昆虫移动时产生的电信号。所以它们只要用鼻子嗅一嗅，就能准确无误地定位到蚂蚁和白蚁的巢穴。再加上这只圆筒鼻里有一条黏糊糊的舌头，小昆虫一旦被粘住就无法逃脱。针鼹还会游泳，它们会把鼻子伸出水面呼吸，就跟一根呼吸管似的。

你知道**星鼻鼹**的鼻子为什么会长成这样吗？

星鼻鼹的鼻子是哺乳动物中最敏感的，上面分布着多达10万根神经，能够轻而易举地追踪到最清淡的气味和最细小的震动。这意味着，就算在潮湿的隧道里，星鼻鼹也几乎能用鼻子"看见"黑暗中的一切，也意味着它们很善于为自己寻找美食，甚至能感知到水下的猎物。

怪嘴
俱乐部

我的嘴巴绝无仅有,独属于我鸭嘴兽。

从远处看,你是不是以为我在叼着铲子走来走去?其实那是我的嘴巴。

事实上,我经常被人误会,虽然我是哺乳动物,但我在其中总是显得格格不入,因为我像鸟一样下蛋,还长着一张鸭嘴。大家都觉得我是怪咖,所以我总是晚上才出来觅食。

不过没关系,我真的很感谢我的嘴巴,它不仅能减小阻力,让我在水中游得更快,还能探测到我喜欢吃的动物发出的电信号。即使是在夜里,它也能帮我轻松找到它们的藏身之处,然后像小铲子一样,将它们从泥土中挖出来。

我们的嘴巴是很怪,但都怪得有特色。接下来,让我给你介绍介绍怪嘴俱乐部的其他成员吧!

鲸头鹳（guàn）也叫作"靴嘴鸟"，之所以取这个名字显然是因为它靴子状的嘴——不仅看起来像，质地也像旧靴子一样硬邦邦的。这张嘴是鲸头鹳的一大利器，钩状的尖端能够轻而易举地抓住猎物，锋利的边缘宛如快刀，能够一招制敌。不仅如此，鲸头鹳的嘴巴还很灵活，能够把缠在食物上的植物和藻类过滤并吐出来。

形容**剑嘴蜂鸟**的嘴巴只需要一个字——长，它们的嘴比身体还要长！这个长度恰好能伸进长长的花冠，让它们吸取到最深处的花蜜，享用到短喙鸟无法触及的美味。不过，嘴太长了也不方便，比如它们没办法用嘴打理羽毛，得用脚才行！

光看外形，你就能猜到它为什么叫**鹦嘴鱼**了。

鹦嘴鱼的嘴虽然酷似鹦鹉，但二者还是有很大不同的。鹦嘴鱼的嘴是由1000颗牙齿紧密排列而成的，一共有15排。这些跟水晶一样坚硬的牙齿能咬能切，能嚼能刮，因此鹦嘴鱼能用各种方式吃到附着在珊瑚上的藻类。此外，值得一提的是，鹦嘴鱼排出的粪便是构成白沙滩的重要成分。

前面尖，后面尖；蝎子尾，鸟的嘴。打一动物。

谜底揭晓，答案是**蝎蛉**（xiē líng）。光看它们的嘴，你肯定觉得它们是捕猎好手。其实不然，它们吃的大多是已经死了的生物，而且，雄性蝎蛉捡食的时候也不是用手，而是用脚。只有当它们准备偷吃蜘蛛网上的昆虫或者献给雌性食物时，嘴巴才会派上用场。

世界上最"贪吃"的鸟——**鹈鹕**（tí hú），嘴比肚子大，说的就是它！它们在捕食前，会一头扎进水里，张开渔网般的巨嘴，尽可能多地兜住小鱼，以免美餐被其他饥饿的鸟抢走。别担心，它们不会喝太多水的，在把鱼吞进肚子之前，它们会把多余的水排干。

一只只**凤头马岛鹃**雏鸟正大张着嘴巴嗷嗷待哺。这些鸟宝宝长得差不多，但它们嘴里都长着独特的图案，有的是圆点，有的是线条，还有的像眼睛。这些图案有时甚至会在夜里发光，仿佛亮闪闪的珍珠。鸟爸爸和鸟妈妈就通过这些独一无二的标记分辨自己的宝宝，给它们喂食。

想要唱歌给所有人听，高性能的扬声器必不可少。**马来犀鸟**信心满满，已经准备好高歌一曲了，因为它的嘴巴末端长着一个很像犀牛角的盔突，里面是中空的，能产生很好的回音效果。马来犀鸟的嘴也很适合与家人分享食物，当鸟妈妈在树洞里孵蛋时，鸟爸爸会用泥巴把洞口糊住，只留下一个小孔，以便它把食物喂给洞里的鸟妈妈。

蝽（chūn）**象**俗称臭屁虫，它们的嘴巴就像一杆可折叠的长矛，平时藏在脖子下面，但当锁定猎物后，就会瞬间伸展，并向上挥舞，利用惯性刺穿昆虫等猎物。之后臭屁虫就可以流着口水，吸食眼前的大餐啦。不用担心这杆长矛会有磨损，因为臭屁虫蜕皮的时候，它们的嘴巴也会一并脱落，之后不久就会长出新的嘴巴。

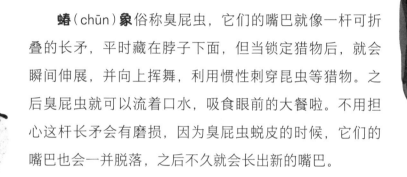

怪嘴俱乐部里，**巨嘴鸟**的名头可是响当当的。这张大嘴的真正用途曾经是个谜，后来我们才弄清了其中的奥秘。首先是用来进食，巨嘴鸟会先用嘴叼起水果，再高高抛起，然后熟练地张开大嘴，坐等水果直接落入喉咙。其次是降温，这也是这张大嘴最主要的功能。生活在热带雨林里的巨嘴鸟，能够控制血液在嘴巴部位流进流出，从而起到散热的效果。最后，它们的嘴巴还有一个隐藏作用，那就是吸引异性，因为雌性巨嘴鸟最喜欢颜色鲜艳的大嘴巴。

牙口好,胃口才好

拥有一口洁白的牙齿是很多人的梦想,但我偏偏要另辟蹊径!

牙齿是很重要的工具和身体器官,所以绝大多数的动物都有。像我们**海狸**的牙齿,切、咬、嚼样样都行,能变着花样地把食物弄成易于消化的碎块。对内,一口好牙是领导者的象征;对外,一口好牙是最高级别的防御手段。

我们的门牙是橙色的,因为里面含有大量的铁元素,所以它们坚固无比。

我们的门牙背面比正面磨损得快,就像一块楔子,是我们啃咬树木最重要的工具,而且它们永远不会停止生长。我们剥去树皮,啃咬树芯,再用力推倒,建造巢穴和水坝的材料就有了。

我们搭起的建筑巧妙地改变了河流的流向,改善了水质,还降低了洪水发生的频率。鱼儿、鸟儿、蝙蝠、昆虫、青蛙都愿意来这里和我们一起生活,这一切都归功于我们强大的大门牙!

牙口好的不止我们,很多动物的牙口都不错,只是你要小心,因为它们的胃口也不小。

别被**食蟹海豹**的名字骗了，它们其实不吃螃蟹！它们最擅长捕捉的是磷虾这种小型甲壳动物。它们会在磷虾出没的水域大口吸入海水，然后通过特殊形状的牙齿将海水排出，这样，磷虾就被过滤出来，成为盘中餐了。

早在恐龙之前，古老的**太平洋七鳃鳗**就已经游动在河流和海洋之中了。它们那大圆盘似的嘴里整齐地排列着螺旋状的牙齿，号称"七鳃鳗牌强力吸尘器"。进食时，这台"吸尘器"会开启吸附功能，紧紧贴在鱼或鲸身体上，然后用牙齿和舌头吸食猎物的血液；到了交配期，这些牙齿会切换成搬运功能，便于移动石头、筑巢产卵。

长吻鳄细长的嘴巴里藏着100多颗杀伤力十足的牙齿，它们无比锋利，只要上下颚一咬合，就能死死咬住鱼和青蛙。但所有鳄鱼的牙齿都没法用来咀嚼，只能吞下小石头来帮助搅碎和消化食物。

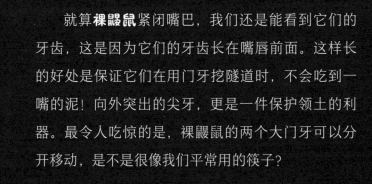

就算**裸鼹鼠**紧闭嘴巴，我们还是能看到它们的牙齿，这是因为它们的牙齿长在嘴唇前面。这样长的好处是保证它们在用门牙挖隧道时，不会吃到一嘴的泥！向外突出的尖牙，更是一件保护领土的利器。最令人吃惊的是，裸鼹鼠的两个大门牙可以分开移动，是不是很像我们平常用的筷子？

独角鲸被人们亲切地叫作"海中独角兽"，不过，它们头上的并不是角，而是牙齿。雄性独角鲸的上颚有两颗牙齿，其中一颗会左旋式地向前长。目前已知独角鲸最长的牙齿是2.5米，堪称动物之最。如此"突出"的牙齿不仅提高了雄性寻找配偶的成功率，还能从海的味道中解析来自大海的讯息。

美洲大赤鱿，绰号"红色恶魔"。它们体长超过2米，还拥有两个强有力的大触手，能在瞬间抓住猎物。被抓住的猎物根本没有逃脱的可能，因为美洲大赤鱿的8只腕足上各有1200个吸盘，每个吸盘上又有20多颗针一样的尖利牙齿，能将猎物死死咬住！这些恶霸还喜欢结成帮派，组队捕食。

想象一下，一支满是森森白牙的军队杀气腾腾地呼啸而过，被它们追猎的目标该有多绝望！

雄性鹿豚会长出长长的獠牙！上颚的两颗长牙刺破嘴巴向上弯曲，像用来防御的盾牌；下颚的两颗长牙从嘴巴两侧伸出，像两把用来攻击的匕首。

"陆地第一大嘴兽"河马果不其然拿下了"陆地第一长牙"的称号——不过，仅限公河马。由于河马的颚部关节位于较为靠后的位置，这使得它们几乎可以将嘴巴张开超过150度，而当脾气暴躁的它们被惹怒时，它们会毫不客气地露出长达50厘米的锋利牙齿，回击入侵者或是寻衅的同类。

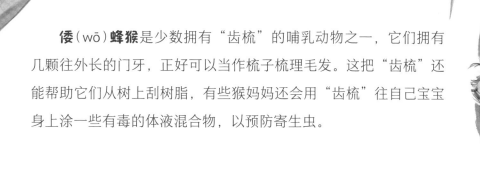

倭（wō）**蜂猴**是少数拥有"齿梳"的哺乳动物之一，它们拥有几颗往外长的门牙，正好可以当作梳子梳理毛发。这把"齿梳"还能帮助它们从树上刮树脂，有些猴妈妈还会用"齿梳"往自己宝宝身上涂一些有毒的体液混合物，以预防寄生虫。

像**加蓬咝蝰**（kuí）这类毒蛇，它们的毒牙与毒腺相连，毒液能够通过中空的毒牙注射到猎物或者敌人的身体里。这一口虽不至于致命，但能麻痹神经，使被咬的动物失去抵抗能力，易于其吞咽。它们的毒牙是所有蛇类中最长的，有的长达5厘米。平时不用的话，这些毒牙还能折叠起来，是真正的收放自如。

沙虎鲨大概有90颗牙齿，因为它总是咬定猎物不松口，在角力的过程中牙齿经常会松动。但问题不大，鲨鱼一般都有好多排牙齿，而且没有牙床，只是附着在皮肤上。因此新的牙齿会向前移动，替换掉落的牙齿。鲨鱼的一生会经历成千上万次换牙，沙滩上也就经常能看见被冲上来的鲨鱼牙齿。

吐吐舌头，扮个鬼脸

给你表演一个我最擅长的马来熊鬼脸！

我们马来熊是所有熊类中体形最娇小的，但我们的舌头垂下来足足有身体的四分之一那么长！

为什么我们的舌头像是从体形更大的动物那里借来、然后粘到自己嘴里的呢？是为了看起来很酷吗？且听我慢慢给你解释。

从树缝里掏甲虫、从洞里挖白蚁、从腐烂的木头里刨蛆虫……我们通通都用不上手，只需要这根灵巧的长舌头。要是运气好，在树上发现了一个野蜂窝，还有什么比加长版吸管更适合偷吃甜滋滋的蜂蜜呢？更别说香甜的水果在舌尖爆汁的瞬间了，光是想想就让我忍不住流口水。

还有，不是我们手短，只是舌头足够长的话，真的能帮忙"挠"到手够不到的地方！

我的舌头确实是挺酷的。但我不能骄傲，因为有很多动物的舌头都比我的酷……

你喜欢这条蛇的配色吗？这其实是**红边束带蛇**的警戒色，警告掠食者不要靠近。游走起来悄无声息的它们，一边咝咝地吐着舌头，一边寻找自己喜欢吃的青蛙和蝾螈。但舌头并不是用来品尝味道的，而是用来嗅探猎物的藏身之处。分叉的舌头分别从两个方向分析空气中的气味分子，告诉主人下一顿大餐是在左边还是右边。利用精准的"舌头导航"，它们还能定位到附近的雌蛇，与其交配。

大食蚁兽的嘴巴很小，而且没有牙齿。那它们怎么吃饭呢？这好办，舌头一吐，三餐落肚。大食蚁兽主要以蚂蚁为食，它们的舌头又细又长，可伸缩，可弯曲，且上面满是小刺和黏液，正好可以伸入蚁穴，轻松黏住猎物，然后送进嘴里。你以为蚂蚁不会反击吗？当然不是。但天下武功，唯快不破。食蚁兽一分钟能做100多次舌头伸缩，在每个蚁巢边只停留几分钟，还没等蚂蚁们反应过来，食蚁兽就已经吃饱喝足，扬长而去了。

褐色蓝蛱蝶和大多数蝴蝶一样，以流食为主，它们有一根特殊的空心舌头，叫作"虹吸式口器"，不用的时候就会卷起来。大部分蝴蝶喜欢吸食花蜜、果汁和树汁，但也有一些蝴蝶偏爱腐烂的鱼、泥浆和动物尿液。蝴蝶负责品尝味道的器官长在脚上，它们通过敲击使植物释放出气味，以此判断自己喝的是什么口味的"饮料"，还能知道哪里是产卵的最佳地点。

大红鹳，又叫美洲火烈鸟，它们的舌头两边各有一排小刺。大红鹳进食时，会先用这些"牙齿"咬住食物，之后再送进喉咙。可别小瞧这条舌头，它威力巨大，足以切割植物或者撕咬猎物，也能像过滤器一样，从泥水中过滤食物。

谁能拒绝**苏门答腊虎**扮的可爱鬼脸呢？只是要当心它们的舌头——上面布满了锋利的倒刺，要是被它舔一下，就得掉块皮。不过这条舌头可是苏门答腊虎的一大利器，能够让它们轻松地扒掉猎物的皮毛，并刮下骨头上的每一块肉。闲暇时间里，苏门答腊虎会用舌头整理打结的毛发，也会把舌头上的倒刺放平，舔舐伤口，加速愈合，或者给自己的家人一个温柔的舔舔。

这只乖巧的蜥蜴迫不及待地想要伸出自己的舌头了。它叫作**蓝舌石龙子**，是一种冷血动物。每次出门之前，它都得先热热身，不然跑不快。那如果还没热完身就遇到了捕食者怎么办呢？这时就轮到怪异的蓝舌头来救场。它们会用充满警告意味的咝咝声和刹那掠过的蓝色闪电，恐吓捕食者。但这只是虚张声势，它们的舌头实际上是无毒无害的。

行动一向慢吞吞的变色龙，舌头从嘴里发射出去的速度却快得惊人！通常来说，体形小的变色龙，拥有相对更快的舌头弹射速度，而体形较大的，比如这只**豹变色龙**，则拥有相对更长的舌头。但不管怎样，变色龙可是狡猾的伪装大师呀，它们能够和环境融为一体，当猎物从它们面前经过时，它们总能凭借超高速的舌击，用黏性十足的舌头将猎物裹住，然后美餐一顿。

兰花蜂身披彩甲，光彩夺目。同样瞩目的还有它们的舌头，全部展开能有身体的两倍长。因此，即便是形状最复杂的花朵，这些蜜蜂也能采到藏在其中最深处的花蜜。勤劳的它们在花丛间嗡嗡作响，一天最多能飞2万米。除了寻找花蜜，雄性兰花蜂也在收集不同花香，制作专属香水来打动雌蜂。

这种全身覆满鳞片的动物叫作**穿山甲**，它们的舌头能长到40厘米，甚至超过了它们的身长。这样的舌头非常适合捕食昆虫，但穿山甲的嘴里能放得下这么长的舌头吗？答案是，根本放不下！穿山甲的舌头根部在它胸腔最下面的肋骨处，所以，穿山甲要想把舌头藏起来的话，只能放在自己的胸腔里。

我的脖子最时尚

虽然动物王国里各种动物争奇斗艳,但我敢打赌,你找不到比我**火鸡**更时尚的——尤其是我的脖子。

我的脸周围长满了大小不一、形状各异的"赘肉"。从头顶开始,密密麻麻的红色疙瘩就一直往下蔓延,脖子下面挂着的像鲜红的绶带,喉咙上围着的像时髦的项链,就连我的嘴巴也被肉垂遮住了!

这些小疙瘩其实并不是装饰物,它们是有实际用途的。雄火鸡需要通过战斗来决定吃饭的顺序,而在激烈的对战中,我们会首先攻击对方脖子上的小疙瘩,有时甚至会扯下来吃掉。

到了配对的季节,我们拨动雌火鸡心弦的关键就是脖子上的小疙瘩。如果碰到心仪的对象,我们还能把胸前的羽毛变成鲜红色。

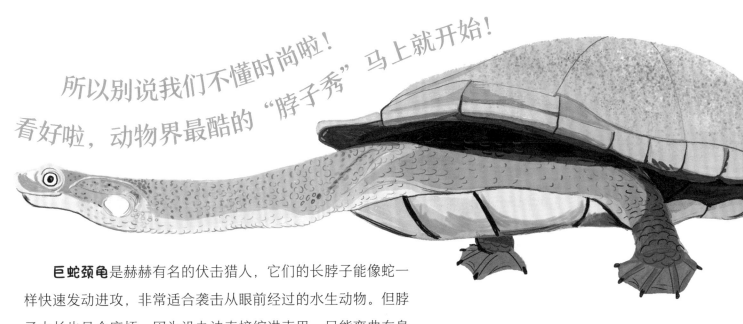

所以别说我们不懂时尚啦！
看好啦，动物界最酷的"脖子秀"马上就开始！

巨蛇颈龟是赫赫有名的伏击猎人，它们的长脖子能像蛇一样快速发动进攻，非常适合袭击从眼前经过的水生动物。但脖子太长也是个麻烦，因为没办法直接缩进壳里，只能弯曲在身子的一侧。

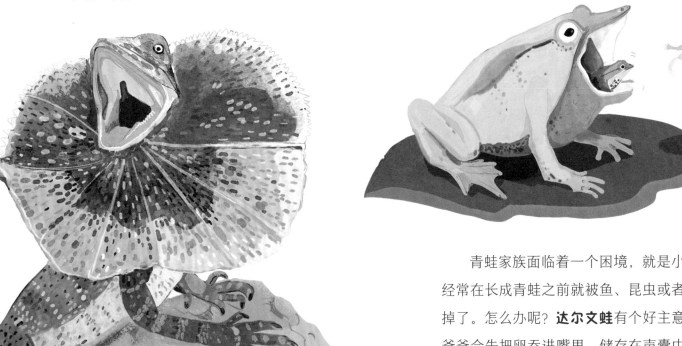

青蛙家族面临着一个困境，就是小蝌蚪经常在长成青蛙之前就被鱼、昆虫或者蛇吃掉了。怎么办呢？**达尔文蛙**有个好主意！蛙爸爸会先把卵吞进嘴里，储存在声囊中。大约需要六周的时间，卵就能孵化成蝌蚪，长成能够保护自己的小青蛙，然后从蛙爸爸的嘴里跳出来。

伞蜥的脖子上套着一个奇特的项圈，大多数时候是折叠起来的，可一旦受到威胁，它们就会张开血盆大口，并将脖子上的项圈展开，这能让伞蜥看起来比实际更大，起到威慑敌人的效果。趁敌人被吓到的短暂瞬间，伞蜥就能迅速逃离。

黑腹军舰鸟的颈部下面都有一块皮肤，叫作"喉囊"，但只有雄鸟的喉囊是红色的。到了求偶的季节，雄鸟会成群结队地站在树上，把空气压进喉囊中，使其膨胀成一个超级大的红色气球！每当有雌鸟飞过头顶，雄鸟就会左右晃动着脑袋，大声鸣叫，以此来引起雌鸟的注意。

"脖如其名"，**华丽喉扇蜥**以其异常华丽的喉扇得名。为了吸引更多雌性的目光，雄性会跑到容易被看见的石头上，使出浑身解数，卖弄自己五彩缤纷的脖子。如果有其他雄性出现，原先那只雄性就会示威性地摆动喉扇，赶走竞争对手。

长颈象鼻虫个头虽小，脖子却很长。为什么它们要进化出这么长的脖子呢？答案是为了打架。雄性长颈象鼻虫会用脖子相互试探、进行搏斗，希望自己能赢得胜利，并且俘获雌性的芳心。另外，在筑巢时，用长脖子折叠叶子能折得又快又好。

用"小身材，大音量"来形容雄性**虎纹蛙**真是再恰当不过了。雄性虎纹蛙脖子上有一对圆鼓鼓的"气泡音响"，叫作"声囊"，能够帮助虎纹蛙发出震耳欲聋的叫声，甚至在几千米外都能听到。到了交配的季节，声囊还会变成醒目的亮蓝色，这对雌蛙来说很有吸引力。

天鹅的脖子有多达25块椎骨，比任何鸟类都多。得益于长长的脖子，**疣(yóu)鼻天鹅**能将头伸到1.5米深的水中，吃到自己最爱吃的水草。如果它们感受到危险，就会将脖子向后拱起，半张开翅膀，以此作为警告。

长颈鹿脖子上的骨头和人类的一样多，和老鼠的也一样多！但长颈鹿的脖子显然更长。算上脖子的话，长颈鹿的身高可以超过5.5米。为什么它们需要这么长的脖子呢？当然是为了能吃到更高处的鲜嫩的树叶了，而且站得高看得远，长长的脖子扩大了它们的警戒范围，让它们能够发现远处的敌人，并提早作出反应。

王鹫(jiù)全身覆盖着白色和黑色的羽毛，只有头部和脖子上光秃秃的，这部分裸露的皮肤有着红、橙、黄、蓝、紫等多种颜色，像是揉碎了的彩虹一般，非常好看。那为什么王鹫的头部和脖子上没有羽毛呢？因为王鹫主要以死尸为食，光秃秃的脖子能避免进食时染上病菌，而暴露在阳光下也能起到一定的消毒作用，有利于保持清洁和健康。

脚趾也有超能力

不用怀疑,脚趾就是我们壁虎的超能力!

有了脚趾,我就能飞檐走壁,在玻璃上滑行,甚至倒挂金钩也不在话下!你问我为什么?这是因为我脚趾上有数百个褶皱,褶皱里长满了细毛,每根细毛又由更小的毛组成,这样一层层叠加,便产生了很强的吸附力。

更厉害的是,如果我想往前走,我还可以改变毛的倾斜角度,暂时关掉"黏性开关"。也许你一抬头,就能看到我在天花板上跑步呢!

如果你觉得我的脚趾超能力很神奇的话,过来见见我其他朋友的爪子和脚趾吧……

鸟中舞王**蓝脚鲣**(jiān)**鸟**独创了一种"蓝脚呆呆摇摆舞"。舞步很简单，只需要抬起蓝色大脚，左一下右一下，跟着节奏一起摇摆。为什么它们要创造这种呆萌的舞步呢？因为在蓝脚鲣鸟的世界里，亮蓝色的大脚丫象征着健康，同时也最能吸引异性的目光。

"脚怀绝技"的**壮发蛙**有着非同寻常的脚趾。如果它们被逼入绝境，它们那锋利的骨爪就会刺穿皮肤，显露出来，看起来就跟猫咪的爪子一样，可谓是最贴身的御敌法宝。

三趾石龙子是澳大利亚西部一种常见的蜥蜴。数百万年前，这种石龙子还是用脚走路的，但后来它们发现，像蛇一样滑行、蠕动比走路更省力。所以，它们逐渐进化成了现在的样子，脚趾也变得细长且无力。

蝼蛄特别喜欢挖土打洞，为此，它们进化出三对"脚趾"形状不同的足。比如，最粗壮的前足像两把带有尖齿的铲子，能够提高蝼蛄挖土的速度，方便它们更快地找到蠕虫、树根和叶子等食物。

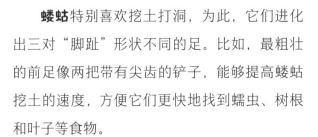

水雉的脚趾伸展开来的话比它们自身还要长、还要宽。这些聪明的鸟儿能够把身体的重量均匀分布在脚趾上，这样，它们就可以优雅地踩着漂浮在沼泽或湖泊上的树叶，捕捉美味的小鱼小虾，尽享可口的晚餐，而不用担心会掉进水里。

帝企鹅身上裹着厚厚的脂肪和柔软的绒毛，可以很好地保暖，但它们是如何防止裸露的脚蹼在零下40°的南极冰面上冻僵的呢？答案是逆流交换系统。它们脚部的静脉和动脉是紧密缠绕在一起的，并非血液单向流至脚部的形式，当温暖的动脉血液向下流动时，温度较低的静脉就能冷却血液，使它们脚部与冰面的温差变小，从而减少热量的损失。这样，帝企鹅脚蹼的温度就总是能保持在冰点以上。

努比亚羱(yuán)**羊**跟它所有的山羊亲戚一样都有两个脚趾,这被叫作"偶蹄"。这种蹄子既有坚硬的部分，也有柔软的部分，极其灵活有力，能够紧紧地抓住岩石，赋予努比亚羱羊在悬崖峭壁间奔跑的能力。因此，在极少有动物敢涉足的绝境之地，经常能看见这些勇猛的高山攀登者健步如飞的身影。

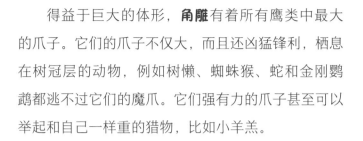

得益于巨大的体形，**角雕**有着所有鹰类中最大的爪子。它们的爪子不仅大，而且还凶猛锋利，栖息在树冠层的动物，例如树懒、蜘蛛猴、蛇和金刚鹦鹉都逃不过它们的魔爪。它们强有力的爪子甚至可以举起和自己一样重的猎物，比如小羊羔。

三趾树懒成为爬树能手和游泳健将的秘诀就是它们长长的爪子。依靠爪子的超强抓握力，它们可以一连几天都悬挂在树梢上，捕食者根本发现不了它们的踪迹。不仅如此，它们还能用爪子对付前来偷袭的美洲豹或老鹰。

你知道这个小家伙为什么叫作"**拳击蟹**"吗？因为它的蟹脚上有小小的爪子，正好能够抓住海葵。它会像拳击运动员一样挥舞着蟹爪，用有毒的海葵触手蜇伤对方拳手。除此之外，"海葵拳头"还能用来收集食物，以及炫耀自己的力量。

有本事别笑我的屁股

忍住！不许笑！

好吧，我承认我的屁股看起来是有点好笑。但对我们雄性**山魈**（xiāo）来说，臀部可是极其重要的身体部位。

第一，年纪大的山魈屁股上会有最耀眼的红色和蓝色，能用来警告其他雄性不要随意挑衅。

第二，在雌性山魈眼里，评判雄性长相的标准就是屁股。我们屁股的颜色越亮，就越容易找到伴侣。

第三，大部队一起行动时，根本不用担心会掉队，因为一抬头就能看到同伴们鲜亮的屁股。

最后一点也很重要，那就是我们的屁股坐起来很舒服哦！感谢各位耐心聆听我关于屁股的一番演讲！

海牛的臀部看起来平平无奇，却大有用处。它们可以通过放屁控制自己在水里移动的方向。它们吃了海藻和其他植物就会胀气，所以就把这些气体储存在体内，让自己漂浮起来，或者把气体放掉，从而下沉到水底。它们用力放屁的话，就能借助爆破引起的气流推动自己前进。

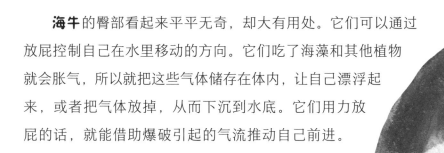

东部斑臭鼬（yòu）释放的气味可能是臭鼬家族中最臭的。在发射"臭气弹"前，它们会先倒立身体，挥舞尾巴，给出警告。如果对方无视警告，继续靠近，它们就会喷出一种极其难闻的液体，以吓跑不速之客。这种液体如果溅到眼睛里的话，眼睛会有强烈的刺痛感，液体的臭味还会持续好几天，怎么洗都洗不掉！

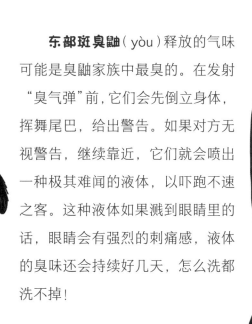

瞧，这是一只**飞虱**宝宝。这种奇异的小虫子能从屁股里挤出亮晶晶的尖刺，如同绽放的烟花，看起来很漂亮却具有极强的攻击性。要是不小心从树枝上掉下去，它们的刺还能充当降落伞呢！

37

想要一个随身携带的手电筒吗？首先你得变成一只**萤火虫**。萤火虫独有的"屁屁手电筒"电量十足，能够在黑暗中发出亮光。萤火虫还能通过"灯光"跟同类相互交流，寻觅合适的伴侣，诱使猎物上钩，同时警告捕食者："我的味道可不太好。"

雌性**黑冠猕猴**的屁股非常惹人注目，而且到了繁殖期就会变得又大又红，它能够向雄性传达一些重要的信息，比如屁股的主人上一次生宝宝是什么时候等等。当然，除此之外，它有时候会对雄性说："我想当妈妈了！"有时也会说："离我远一点。"

"我想当妈妈了！"

这是谁的大眼睛吗？不，这是**纳特竖蟾**（chán）的屁股！

当纳特竖蟾发觉有危险时，就会立即背对敌人，然后大口吸气，让自己的屁股鼓起来，这样一来，它们屁股上的黑点就会变得很大，看上去就像猛兽的眼睛一样。不得不说，这的确是个吓跑敌人的好办法。

袋熊喜欢独居，而且总是在夜间活动。它们会拉出多达100块方形粪便，并将其摆放在自己的领地周围，以此向别的袋熊宣称：这是我的地盘！可为什么袋熊的粪便是方形的呢？因为方形的粪便不容易从石头或树木上滚下去，可以说是完美的院子围栏了。

如果知道了**白眼溪龟**是怎么呼吸的，你一定会大吃一惊，因为它们是用屁股呼吸的！它们会先把水吸入屁股，等提取出水中的氧气后再将水排出去。依靠这项技能，它们可以一次在水下待上好几个星期。白眼溪龟主要生活在澳大利亚的菲茨罗伊河，可如今河水污染严重，水中氧气缺乏，它们已经濒临灭绝了。

看了那么多花里胡哨的屁股，最后轮到屁股之王——**海参**出场了。海参也是通过屁股呼吸的，但海参的屁股还有其他妙用，比如向敌人喷射"内脏炮弹"。这对海参来说不算什么，凭借强大的再生能力，它们很快就能长出新的内脏。

此外，有些海参的牙齿是长在屁股上的，这样其他生物就不会把它误认为是藏身的洞口了。

我的尾巴，我骄傲

**鸟界大明星就是我——
蓝极乐鸟。**

我可以很骄傲地说，当我翘起尾巴，倒挂在枝头，轻轻摇摆身体，让细长的尾带伸展成两道漂亮的圆弧时，看起来特别美。

我生活在巴布亚新几内亚的雨林中，这里汇聚着一群美丽的极乐鸟。我们个性张扬，绝不低调，有时还会自己搭建舞台，开一场隆重的演唱会，一起演唱曼妙的歌曲，舞动身上的羽饰。

说实话，这些华丽的羽毛并不能让我们飞得更快，反倒会让捕食者轻易地发现我们。但我们不在意，因为只有最漂亮的雄鸟才能赢得配偶，组建家庭。所以，我们的表演还会一直继续！

女士们、先生们，让我们掌声有请今天的嘉宾上场！
快看，有些动物的尾巴已经不小心露出来了……

为什么**月形天蚕蛾**想要花哨的后翅"尾巴"？

因为它们想在夜间飞行时做到来无影去无踪，避免成为蝙蝠的小点心。

蝙蝠是根据回声来定位猎物的。只要月形天蚕蛾旋转细长的"尾巴"，就能干扰蝙蝠的定位，从而诱使蝙蝠攻击自己的尾翼，避开致命一击。

危险！小心它尾巴上的毒刺！

哦不，这不是真正意义上的尾巴，而是**蝎子**的臀部，它的末端带有致命武器——一根钩状毒刺。

这个"尾巴"上面带有一些像眼睛一样的感光器，能感知含有紫外线的月光，从而在黑暗里发出荧光。蝎子还能利用这些感光器发现猎物、确定毒刺的攻击方向以及毒液的注射量。

和大多数鱼类不一样，**虎尾海马**有一条四四方方的尾巴，具有得天独厚的生存优势。在汹涌的洋流中，虎尾海马能够用尾巴紧紧地勾住海草、红树根和珊瑚礁，防止自己被冲走。虎尾海马没有尾鳍，也不善于游泳，因此全靠尾巴才得以存活。在求偶的时候，它们的尾巴也扮演着不可或缺的角色——海马们会勾住彼此的尾巴，旋转着一起跳舞。

在遇到危险时，**非洲肥尾壁虎**会断尾逃生。它们的尾巴在脱落后会继续扭动好几分钟，这足以分散攻击者的注意力，为它们争取到逃跑的时间。

断尾逃生其实是一种大伤元气的自保手段，因为非洲肥尾壁虎总是把食物以脂肪的形式储存在尾部，可沙漠向来食物匮乏，所以，断尾逃生可能会让非洲肥尾壁虎饿上好久。不过不用担心，它们会找到吃的，尾巴也会重新长出来，而且会更短、更圆润，花纹也会跟以前不太一样。

谁也想不到，**食蚜蝇**这种神似蜜蜂的动物，幼年时期是在污水中度过的。污水中有足够的腐烂物能让食蚜蝇填饱肚子，但在污水中很难呼吸，于是，食蚜蝇会将一根15厘米长的管子连接在自己的尾部，另一端像潜望镜一样延伸至水面，以此来呼吸新鲜空气。怎么样，看起来是不是就跟老鼠尾巴似的？

这条尾巴会"说话"哦！**环尾狐猴**能够用它独特的条纹尾巴和同伴交流，还会用它来警告别的种群不要侵犯它的领地。当一群环尾狐猴去觅食时，它们会把尾巴翘得高高的，这样就能很快找到彼此。在交配期，雄性之间还会展开一场"臭气大战"：先用毛茸茸的大尾巴磨蹭自己的臭腺，再用力甩动尾巴，在空气中散播难闻的气味熏跑对手。获胜者不用多说，肯定是最臭的那一只！对了，这条大尾巴还很适合一家人集体抱抱呢！

猜猜它到底需要多少条"尾巴"？

叶海龙全身被层层叠叠的叶状"尾巴"包围着。这些看似尾巴的附肢并不是用来游泳的，而是一种天然的伪装，能让叶海龙看起来跟海草没什么两样。叶海龙家庭里负责孵化宝宝的是爸爸而不是妈妈，这在自然界中并不常见。叶海龙爸爸真正的尾巴上会长出卵托，用来保护宝宝，直到它们破卵而出。

海蛞蝓（kuò yú）是一种带有假尾巴的软体动物。它们尾巴状的身体结构非常灵巧，有着各种各样的用途：伪装自己、抵御攻击、选择配偶，甚至可以用来呼吸。这些微小的生物还是海洋中色彩最丰富的动物之一——比如这只威廉多彩海蛞蝓，它就有一条闪闪发光的"尾巴"！

响尾蛇其实是一种很胆小的动物。虽然它们有一对毒牙，但它们遇到敌人时会选择先快速摆动尾巴，发出"咔嗒咔嗒"的声音震慑对方。响尾蛇尾巴的尖端由中空的角质蛋白构成，就和我们的指甲一样。当强有力的尾部肌肉以最快每秒90次的速度摇晃一节节的尾环时，尾环之间就会产生碰撞，发出响声。蛇尾发出响声的部分经常脱落，但会重新长出来。每当严寒来临，作为冷血动物，蛇在遇到危险时就很难迅速逃离，所以"先声夺人"倒是一种不错的防御方法。

等等，还有谁没提到？

到现在为止，还有一种特别的动物没有被提到，那就是我们这个种群——人类。

人类有许多令人难以置信的生物特征。我们的舌头能说出复杂的语言，我们灵巧的手指可以完成一些技巧性的事情，比如制作工具和演奏音乐。

然而，最特别的要数我们拥有任何动物都无法企及的大脑。科技、文学、艺术乃至整个人类文明都在我们的超级大脑中孕育产生，并得以在全世界传播和分享。我们不再长出全身的皮毛，但我们的智慧让我们学会了用火取暖和制衣保暖。

但我们真的有自己想象中的那么聪明吗？我们在变聪明的同时，给周围的野生动物带来了多少毁灭性的打击？地球上生活着成百上千万种奇妙多样的物种，其中已有上百万种因人类而面临灭绝的危险，包括你在这本书里读到的许多动物。

真正聪明的物种会破坏它们唯一赖以生存的家园里所必需的生态系统、伤害其中的万物生灵吗？

答案是肯定不会。我们人类是独特的，我们可以利用自身的优势照顾世间生命，和他人尽情分享我们对大自然的喜爱，更多地了解我们可爱的动物表亲，并找到帮助它们生存和繁衍生息的方法。

图书在版编目 (CIP) 数据

有趣屁屁, 奇怪鸟嘴：光怪陆离的动物世界 /（英）亚历克斯·莫斯,（英）肖恩·泰勒著;（英）莎拉·埃德蒙兹绘;黄昭颖译 . -- 乌鲁木齐 : 新疆青少年出版社 , 2022.7
ISBN 978-7-5590-8599-3

Ⅰ.①有… Ⅱ.①亚… ②肖… ③莎… ④黄… Ⅲ.①动物—青少年读物 Ⅳ.① Q95-49

中国版本图书馆 CIP 数据核字 (2022) 第 086278 号

有趣屁屁，奇怪鸟嘴：光怪陆离的动物世界

YOUQU PIPI,QIGUAI NIAOZUI:GUANGGUAILULI DE DONGWU SHIJIE

［英］亚历克斯·莫斯 肖恩·泰勒 / 著 ［英］莎拉·埃德蒙兹 / 绘 黄昭颖 / 译

出 版 人:徐 江		策 划:许国萍
责任编辑:张 敏		助理编辑:胡伟伟 魏 超
美术编辑:张春艳 邓志平		
法律顾问:王冠华 18699089007		

新疆青少年出版社
（ 地址: 乌鲁木齐市北京北路 29 号 邮编: 830012 ）
Http://www.qingshao.net

印 制:北京博海升彩色印刷有限公司	经 销:全国新华书店
版 次:2022 年 7 月第 1 版	印 次:2022 年 7 月第 1 次印刷
开 本:889mm×1194mm 1/12	印 张:4.66
字 数:15 千字	印 数:1-5 000 册
书 号:ISBN 978-7-5590-8599-3	定 价:49.80 元

制售盗版必究 举报查实奖励:0991-6239216   版权保护办公室举报电话:0991-6239216
销售热线:010-58235012 010-84853493   如有印刷装订质量问题 印刷厂负责调换